Günther Feustel

Borstel als Kückenvater

Illustriert von
Martha-Luise Gubig

Verlag Junge Welt Berlin

Wie Borstel Eierkucheneier suchte und einen König fand

Borstel ärgert sich. Die Sonne scheint warm. Ein Zitronenfalter segelt um die blühenden Brombeerranken. Überall duftet der Frühling, aber Borstel hat schlechte Laune. Die Igelmutter will ihm nämlich keinen Eierkuchen backen. Sie hat kein einziges Eierkuchenei.

»Suche ich eben welche!« ruft Borstel und stapft entschlossen in den Wald hinein. »Die dummen Hühner rennen ja hierhin und dorthin und verlegen dabei manchmal ihre Eier irgendwo!«

Borstel hebt die Zweige der Heckenrose am Wegrand hoch – dürre Blätter, Käfer und Ameisen, aber kein einziges Ei!

Borstel entdeckt einen Reisighaufen. Die Farne haben ihre grünen Blattschirme schon zwischen die trockenen Zweige geschoben. Ein richtiges Hühnerversteck!

Borstel zerrt das Reisig auseinander. Tatsächlich, da ist ein heimliches, kugeliges Nest mit einem Eingang an der Seite, aus Moos und Farnen geflochten. Borstel reckt sich und sieht neugierig hinein. Sechs kleine Eier liegen in der Mulde – winzig, aber besser als nichts. Borstel will gerade nach den Eiern greifen, da zwickt ihn jemand von hinten. Erschrocken dreht er sich um. Etwas Braunes huscht über

den Boden – hinein in das Astgewirr. Eine Maus! Schon schlüpft sie in das Nest mit den Eiern. Weg ist sie!

Borstel staunt. Maus und Eier, wie paßt denn das zusammen?

Plötzlich lächelt er. »Ich habe die Ostermaus entdeckt!« Aber was ist schon eine Entdeckung wert, wenn niemand da ist, vor dem man damit prahlen kann.

Doch schon kommt jemand vorbeigeraschelt. Es ist Hoppel!

Borstel zeigt ihm gleich das Nest. »Es gehört der Ostermaus«, flüstert er geheimnisvoll, »und ich bin der erste, der eine entdeckt hat.« Aber Hoppel lacht laut und drängt Borstel auf den Waldweg zurück. »Man stört keinen Vogel beim Brüten«, sagt er schnell und ist schon wieder davongeflitzt.

Ein Vogel? Borstel juckt die Nase vor Neugierde. Er trippelt zurück in das Gebüsch. Unter einem Farnblatt huscht wieder so eine Maus herum. Das ist ja wirklich ein winziger Vogel! Er senkt die Brust und streckt Borstel seinen kleinen Pfriemenschnabel angriffslustig entgegen. Das Stummelschwänzchen reckt er keck in die Luft und knickst. »Kerr – kerr!«

»Guten Tag!« Borstel verbeugt sich höflich. Der kleine braune Vogel knickst unaufhörlich weiter und ruft sein »Kerr – kerr!«.

»Genug geknickst! Der Knicks ist längst unmodern!« Borstel geht

zwei Schritte auf den kleinen Kerl zu. Der braune Vogel fliegt auf das Farnblatt. Borstel lacht. »Du fliegst wie aufgezogen, du Vogelzwerg!«

»Bin kein Zwerg, bin der Zaunkönig, wenn ich bitten darf!«

Der Vogel knickst unaufhörlich und schaut auf Borstel hinunter. »Hier ist mein Brutrevier, also weg da, weg, du!«

Borstel weicht einen Schritt zurück und starrt auf das runde Nest im dürren Gezweig.

»Weg da – kerr!« Der Kleine wippt aufgeregt. Borstel geht ein Stück nach rechts. Da entdeckt er noch ein Kugelnest. Der Zaunkönig schwirrt heran. »Kannst du nicht woanders herumstromern, du störst meine Frauen beim Brüten!«

Borstel sieht sich verwirrt um – tatsächlich, überall, in der Hecke, im Reisig und sogar unter einer Baumwurzel, sind kugelige Nester gebaut.

»Wie viele Frauen hast du denn?« fragt Borstel. »Und wie viele Kinder?«

»Drei Frauen und drei Nester randvoll von Eiern! Die anderen hier ringsum sind meine Schlafnester!« piepst der Zaunkönig stolz. »Und sind die Kinder später flügge, können sie sich eine von meinen Nestwohnungen zum Schlafen aussuchen.« Dann schwillt dem

Vogelzwerg die Kehle, und ein lauter, herrlicher Gesang klingt durch den Wald – mit kunstvollen Trillern und Rollern.

Borstel setzt sich auf einen sonnenwarmen Stein neben dem Gebüsch und lauscht versonnen. Ausgerechnet jetzt kommt Hoppel zurück. »Habe allen von deiner Ostermaus erzählt«, kichert er, »nein, wie haben sie gelacht!«

Schon ärgert sich Borstel wieder. »Keine Zeit mehr, keine Zeit, muß Eierkucheneier suchen«, murmelt er verlegen und tippelt eilig davon.

Wie Borstel endlich ein Ei fand und nichts als Ärger bekam

Eierkuchen mit Himbeeren – hmm! Eierkuchen mit Walderdbeeren – köstlich! »Na, wenigstens Walderdbeeren ohne Eierkuchen!« sagt Borstel laut und bückt sich, denn hier und da reifen die ersten Walderdbeeren.
Plötzlich hört er eine Krähe angstvoll kreischen. Jemand streitet wohl mit ihr um eine Beute. Borstel späht neugierig durch das Heidekrautdickicht. Nichts zu sehen. Aber plötzlich gackert es. Wo es gackert, da sind auch Hühner! Wo Hühner sind, gibt es auch Eierkucheneier – meistens jedenfalls. Borstel schleicht aufgeregt dem Gackern entgegen – bis zur Blaubeerwiese neben dem Waldbach.

Irgendwo lacht jemand. Verwirrt sieht sich Borstel um und entdeckt zwischen den Gräsern einen Vogel mit weinrot-grauem Gefieder, an den Flügeln schwarzweiß gesperbert, mit blauem Bürzel. Ist etwa auch ein Hahn bei den Hühnern? Wie unangenehm!

Borstel schleicht bis zum Ginsterbusch. Vorsichtig biegt er die Zweige auseinander und hält Ausschau. Er staunt. Kein Hahn und auch kein Huhn weit und breit! Nur der Eichelhäher, der das Hühnergackern nachgeahmt hat – und das Lachen auch.

Borstel kichert. So ein Clown! Der sammelt überall Töne zusammen – und nicht nur Töne, sondern auch Eicheln und andere Samen. Die vergräbt er oft und vergißt sie. Aber im nächsten Jahr wachsen Baumkinder aus den Verstecken. Der pflanzt also einen Wald und weiß es nicht einmal, überlegt Borstel gerade, da wird er aus seinen Gedanken gerissen.

Was der Eichelhäher mit dem Schnabel durch das Gras rollt, das ist doch ein Ei – ein helles, grüngelbliches Ei, so groß wie ein Hühnerei. Um dieses Ei also hat er sich mit der Krähe gezankt. Er ist Sieger geblieben, die Krähe ist davongeflogen, und das Ei gehört jetzt ihm. Borstel sträubt seine Stacheln und stapft auf den Eichelhäher zu. Der bleibt für einen Augenblick verdutzt stehen, schubst das so mühsam eroberte Ei zur Seite und fliegt dann auf. »Rätsch, rätsch, rätsch!«

»Ätsch, ätsch, ätsch! Jetzt gehört das Ei mir!« ruft Borstel dem Eichelhäher nach. Der sitzt auf dem Buchenast und krakeelt sein »Rätsch, rätsch« in den Wald.

Wenn der Eichelhäher warnt, werden alle Tiere aufmerksam. Das Reh duckt sich. Der Specht unterbricht sein Klopfen und hält neugierig nach dem Störenfried Ausschau. »Ach, du bist es bloß, Borstel!« Der Specht klopft beruhigt weiter. »Ein Ei, ein Ei, ein Eierkuchenei!« singt Borstel und trägt das Ei am Ameisenhügel vorbei zum Waldweg.

Die Sonne scheint warm und hat den Sand ringsum aufgeheizt. Unter den drei Birken will Borstel ein wenig rasten. Da piept es im Ei. Vor Schreck läßt Borstel das Ei fallen. Es schlägt auf eine Birkenwurzel. Die Eischale zerspringt. Borstel hält den Atem an. Aus den

Schalenresten windet sich ein feuchtes Kücken, häßlich und breitschnäbelig, gestreift wie ein Wildschweinfrischling.

Borstel steht wie angewurzelt. Es hat ihm die Sprache verschlagen. Das Kücken aber sitzt breit in der Sonne und putzt sich. Seine Flaumfedern trocknen. Es wird niedlicher und plustriger von Minute zu Minute. Dann rappelt es sich auf und watschelt mit seinen breiten Füßchen auf Borstel zu. »Dich habe ich zuerst gesehen, du bist also meine Mama!«

Borstel schüttelt den Kopf. »In welches Nest gehörst du eigentlich?«

»Das mußt du doch wissen, Mama!«

Borstel sieht sich um. Ringsum Wald. Er überlegt. Wo man ein Ei findet, muß auch das Nest in der Nähe sein. Also ist der Knirps ein Waldvogelkücken.

Borstel geht um das Kücken herum und betrachtet es prüfend. Irgendwie kommt es ihm bekannt vor. Aber Vogelkinder, wenn sie noch ganz neu sind auf dieser Welt, sehen immer anders aus als ihre Vogeleltern.

»Jedenfalls will ich keine Mama sein«, sagt Borstel und rennt bis zur dicken Windkiefer, das Kücken watschelt hinterher. Borstel läuft über den Waldweg und duckt sich hinter den Moosstein. Das Kücken

watschelt hinterher. Wohin Borstel auch geht, das Kücken heftet sich an seine Fersen. Das gefällt Borstel schließlich. Er marschiert durch den Wald und zeigt jedem, daß er ein Kücken hat. Borstel ist stolz wie ein Vater und trägt die Nase hoch.

Das Kücken fiept kläglich. Borstel bückt sich besorgt. »Hast du dir etwa einen Dorn eingetreten?«

Aber nein! Das Kücken hat Hunger!

Borstel pflückt eine Walderdbeere. Das Kücken schüttelt den Kopf. Er schleppt Eicheln vom vorigen Jahr heran. Das Kücken dreht ihm seinen Bürzel zu. Er sammelt die trockenen Distelsamen. Das Kücken mag den struppigen Samen nicht. Borstel zieht seine Stirn in nachdenkliche Falten. »Aber wer nicht ordentlich frißt, wird niemals groß und stark!«

Das Kücken antwortet nicht, es watschelt auf die dicke Eiche zu. Der Stamm hat unten ein Loch. Das Kücken hüpft hinein. Weg ist es! Borstel preßt besorgt seinen Kopf in die Höhlung. Da liegen drei Stacheligel. Nanu! Sie haben ja Schnäbel und keine Schnäuzchen, sind wohl Igelvögel. Und dazwischen hockt nun sein Kücken. Borstel will es gerade herauszerren, da fällt ihm ein: Wenn die Igelvogelmutter ihren Kindern das Frühstück bringt, kann sie sein Kücken gleich mitfüttern.

Borstel hockt sich still neben die Eiche und wartet. Er langweilt sich und zählt die Wolken – und dann geschieht etwas Seltsames. Ein Märchenvogel fliegt heran, blaugrün mit einem schwarzen Schnabel, mit dunkelblauem Bürzel und gelben Füßen.

Borstel staunt. Es juckt in der Nase, aber er wagt nicht zu niesen. Der Vogel landet auf dem Höhlenrand. Borstel schleicht einen Schritt näher heran, er will alles ganz genau beobachten. In seinem Schnabel trägt der Vogel Heuschrecken und Käfer. Er tippt mit seiner Schnabelspitze dem ersten Jungen an den Schnabelwinkel. Gleich zupft sich das hungrige Kleine einen Käfer aus dem zappeli-

gen Gewirr. Die Vogelmutter tippt auch dem fremden Kücken an den Schnabelwinkel. Aber das Kücken versteht ihre Sprache nicht. Es sitzt still da, wie verdattert. Gehört nicht zu uns, denkt die Vogelmutter und wirft das Kücken einfach aus dem Höhlennest.

Borstel ist empört. Er schimpft und droht mit der Pfote. »Störe bloß nicht die Kinderstube der Blaurake!« Borstel schaut in das Laubgewirr der Eiche hinauf. Immer ist jemand da, den man nicht vermutet – und diesmal ist es Onkel Uhu.

»Mein Kücken ist viel hübscher als diese Stachelbrut!« ruft Borstel zu Onkel Uhu hinauf.

»Die kleinen Blauraken werden bald so prächtig gefiedert sein wie ihre Eltern, dann sprengen nämlich die Federn die Hüllen, die du für Stacheln hältst.« Borstel atmet tief. Wenn Onkel Uhu so schwierige Dinge kennt, dann weiß er sicher auch, was hungrige Kücken mögen. Aber als Borstel fragen will, ist Onkel Uhu schon verschwunden. Wer weiß, wohin!

Das Kücken fiept vor Hunger und will nicht mehr laufen. Seufzend nimmt Borstel es auf den Arm.

Wie Borstel ein Kuckuck werden wollte

Borstel schleppt das Kücken über eine dicke Baumwurzel und stöhnt. »Ich glaube, du wirst mit jedem Schritt schwerer!«

Er will nach Hause. Sicher weiß die Igelmutter einen Rat. Aber der Weg erscheint ihm heute wie ein Gummiband, er dehnt sich und wird immer länger, und zehn Schritte weiter versperrt ihn ein mächtiger, gestürzter Baumstamm. »Gehe ich herum, dann ist es ein Umweg. Klettere ich darüber...« Borstel sieht das Kücken an und seufzt. Schließlich schiebt er es mühsam auf den Stamm hinauf, klettert hinterher, und beide rutschen auf der anderen Seite wieder hinunter.

Schon wieder schilpt das Kücken kläglich vor Hunger.

»Du bist ein Quengel, sorge doch für dich allein!« Borstel setzt das Kücken unsanft ins Gras, dreht sich um und läuft davon. Er rennt, bis ihm der Atem ausgeht. Am Himbeergesträuch bleibt Borstel stehen. Er läßt sich in das Moos fallen. Endlich ist er das Kücken los!

Denkst du! Es kommt ungeschickt angewatschelt, schlägt mit den Flügelchen, fällt mit dem Schnabel in ein Loch – aber es steuert zielgerichtet auf Borstel zu.

Borstel versteckt sich hinter einem Baumstamm. Das Kücken findet ihn. Borstel läuft rund um den Baum herum. Das Kücken hinterher. Borstel bremst. Das Kücken stolpert, rappelt sich wieder auf und ruft: »Ich habe Hunger!«

Borstel sitzt erschöpft im Moos. Das Kücken kuschelt sich an seinen Bauch. Plötzlich huscht ein Vogel durch die Himbeerzweige. Er hat eine rostrote Brust. Das ist ein Rotkehlchen. Es hüpft auf eine dicke, bemooste Wurzel, schaut sich eifrig um und schlüpft in ein gut verstecktes Nest. Schon wird Borstel neugierig. Das Rotkehlchen flattert wieder in das Gezweig und ist verschwunden. Darauf scheint jemand nur gewartet zu haben.

»Sieht aus wie ein Sperber«, flüstert Borstel und steckt vor Schreck den Kopf in ein Mäuseloch. Vor Sperbern, das hat ihn seine Igelmutter gelehrt, muß er sich fürchten. Doch der Vogel beachtet ihn gar nicht. Er drängt sich in das Rotkehlchennest und legt ein Ei hinein. Das interessiert Borstel sehr. Das muß ein Kuckuck sein. Er hat immer gewußt, daß der Kuckuck so ein Brütefaulpelz ist, aber er hat ihn noch nie beim Eierlegen beobachtet. Endlich schüttelt der Kuckuck sein Gefieder und fliegt davon.

Borstel guckt neugierig in das Nest. Alle Eier sehen beinahe gleich aus. Wie macht der Kuckuck das bloß? Borstel überlegt. Viel Zeit bleibt ihm nicht, denn das Rotkehlchen kommt zurück, setzt sich auf

die Eier und brütet. Es merkt nicht einmal, daß ein Kuckucksei in seiner Wohnung liegt.

Borstel kratzt sich nachdenklich die Nase. »Ich müßte auch ein Kuckuck sein und das Kücken in ein fremdes Nest schieben.« Er nimmt das Kücken also wieder in die Arme und sieht sich suchend um. Wo finde ich hier ein großes Nest? Das Kücken ist ja nicht gerade klein wie eine Mücke, überlegt Borstel.

Am kahlen Ast der knorrigen Eiche beginnt ein Buntspecht zu klopfen. Kopfüber, kopfunter turnt er am Baumstamm herum. Schnell wie ein Trommelstock klopft sein Schnabel auf die Borke – und flupp! fährt seine lange Zunge in die Borkenritzen hinein und holt eine Made heraus. Die klebt an der Zunge wie an einem Fliegenfänger fest. Borstel hat das schon oft gesehen, aber er bewundert den Specht immer wieder.

Der Specht ist gerade groß genug, um sich um das Kücken zu kümmern, denkt Borstel.

Aber der Specht fliegt nicht zu seinem Nest, er hämmert an der Birke. Und schon klebt ein Käfer nach dem anderen an seiner Zunge. Borstel verliert den Buntspecht nicht aus den Augen. Bei den bunten Federn ist das kein Kunststück! So ein Specht ist unersättlich. Er klopft am Stamm der hohlen Weide und an den Pappeln.

Dort bleibt er auf einem dürren Ast sitzen. Er wendet den Kopf nach rechts und links. Dann fliegt er zur knorrigen Eiche zurück. Schlupp! ist er in einem Loch verschwunden. Im Loch piepst es. Aha! Also da hat der Specht seine Kinderstube versteckt.

Borstel stolpert, denn das Kücken ist schwer. Schwupp!, schon liegen beide im Gras. Ganz unerwartet streckt Hoppel seinen Kopf aus dem Holundergebüsch. »Der Baumfalke!« schreit er warnend – und ist schon wieder verschwunden. Das Kücken drückt sich ängstlich an Borstels Brust. Der Falke stößt auf die beiden im Gras hinab. Borstel richtet abwehrend seine Stacheln auf und stellt sich schützend vor das Kücken. Der Baumfalke taumelt wieder in die Luft. Zornig rätschend fliegt er in die Krone der Buche.

Vor Aufregung atmet Borstel stoßweise. Aber dann putzt er entschlossen seine Nase, nimmt das Kücken in die Pfoten und trägt es zur alten Eiche. »Jetzt wird es aber Zeit, daß ich dich endlich loswerde«, schimpft er, »du bist eine echte Plage!«

Die Aufregung verleiht Borstel Riesenkräfte. Er zerrt und schiebt das Kücken den schrägen Eichenstamm hinauf. Keuchend erreicht er die Bruthöhle und sieht hinein. Die jungen Spechte sind nackt. Borstel hebt das Kücken auf den Rand der Spechthöhle.

»Du wirst dich doch wohl nicht vor fünf Nackedeis fürchten!«

Borstel gibt dem Kücken einen Schubs, es plumpst in das Loch.

Borstel läßt sich in das weiche Gras fallen. »Erledigt!« ruft er und klopft sich den Sand von den Pfoten.

Oben in der Bruthöhle lärmen die jungen Spechte. Das Kücken schreit ängstlich. Es versteht wohl die Spechtsprache nicht – und umgekehrt ist es auch so. Jedenfalls steht das Kücken bald wieder zerzaust und wackelnd auf dem Rand des Loches und springt zu Borstel hinunter – mitten hinein in die Glockenblumen.

»Es ist nicht so einfach, ein Kuckuck zu sein«, seufzt Borstel.

Wie Borstel dem Waldkauz beinahe ein Frühstück brachte

»Hättest du nicht freundlicher zu den Spechtkindern sein können?« schimpft Borstel. Das Kücken duckt sich erschöpft in die Glockenblumen.

Da flitzt Hoppel um den dicken Eichenstamm herum. »Wenn es nicht gerade ein Kuckuckskind ist, paßt ein Kücken nur in das Nest seiner eigenen Art hinein!« Schon ist Hoppel wieder verschwunden. So sind Hasen eben – mal hier, mal da!

Borstel betrachtet nachdenklich sein Kücken. »Die Spechtkinder sind Nackedeis – und du hast Flaumfedern, überall! Größer bist du auch! Sage mir bloß, in welche Waldvogelfamilie du gehörst!« Borstel schnieft ratlos, dann trägt er das Kücken wieder durch das hohe Waldgras und sieht sich suchend um. Hier ein Nest und dort ein Nest, aber in keinem hocken Kücken mit Flaumfedern.

Borstel setzt sich auf einen Baumstumpf. Der ist schon ringsum mit Moos bewachsen. Seine dicken Wurzeln sind ausgefault und bilden Höhlen. »Diesen Platz mußt du dir gut merken, der ist nämlich fabelhaft, wenn man ein Versteck braucht!« sagt Borstel gerade belehrend zum Kücken, da raschelt es unter der dicksten Wurzel und quiekt und krächzt. Sitzt etwa schon jemand im Versteck?

Borstel steckt neugierig seine Nase in die Höhlung. Gleich ist es still. Drei leuchtende Augenpaare starren Borstel an. Unter den Augen wächst ein gebogener Schnabel, aber sonst... Flaumfedern überall! »Man muß nur lange genug suchen, dann findet man auch dein Zuhause!« Borstel schiebt das Kücken zu den anderen in das Nest. Die drei Krummschnäbel sitzen noch immer steif und verfolgen Borstels Bewegungen mit den Augen.

»Tschüß!« Borstel winkt dem Kücken zu, dreht sich um und will nach Hause gehen. Endlich! Rechtes Bein, linkes Bein – Borstel hüpft erleichtert. Aber dann... ein Fauchen und ein Toben, dazwischen schreit das Kücken so angstvoll, daß Borstels Herz schneller schlägt.

Die drei Krummschnäbel zerren und rupfen an dem armen Kücken herum. Der Dickste hält schon ein Flaumfederbüschel im Schnabel. Borstel stolpert vor Schreck und entdeckt rings um das Nest vor dem Baumstubben graue Gewölle mit Resten von Mäusefellen und Knochen – und ein Vogelschnabel ist auch dabei.

Borstel zittert. Jetzt hat er das Kücken in eine Räuberhöhle gesetzt!

Er zerrt den kleinen Flaumfederkerl an einem Flügelchen aus dem Nest. Gierig hacken die Krummschnäbel nach Borstel, aber als

Igel hat er ja schützende Stacheln, und die sträubt er abwehrend.

Die Empörung schnürt Borstel beinahe die Kehle zu. Aber dann schimpft er zornig und droht mit einem Stock. »Ihr Räuberbrut, ihr Raubgesindel!« schreit er gerade, da schwebt der Altvogel auf leisen Flügeln heran. In seinem Krummschnabel hängt eine Maus. Sacht landet er auf dem bemoosten Baumstumpf, dreht den Kopf zu Borstel und blickt ihn aus großen Eulenaugen an.

»Hast du etwa Streit mit dem Waldkauz angefangen?« flüstert Hoppel, der plötzlich wieder hinter Borstel hockt. »Einem Krummschnabel geht unsereins lieber aus dem Weg!« Und fort ist er.

Der Waldkauz läßt die Maus ins Nest fallen. Gierig starrt er Borstels Kücken an, reckt den Hals und öffnet den Schnabel. Borstel drückt sein Kücken an die Brust und rennt, stolpert, rutscht und kullert den Abhang hinunter bis hinein in das Heckenrosengebüsch.

Hoppel sitzt schon da. Das Kücken rappelt sich auf. »So ein Raubgesindel!« ruft Borstel ganz außer Atem. »Wenn ich noch ein Stück gewachsen bin, dann jage ich sie alle aus unserem Wald!« Borstel droht mit der Faust. »Und du hilfst mir dabei, nicht wahr?«

Hoppel schüttelt die Ohren. »Ich würde mir das überlegen. Die Greifvögel halten die Mäuse kurz – oder willst du, daß eine Mäuseplage unseren Wald zernagt?«

»Ein Vogelschnabel war auch in dem Gewölle!« sagt Borstel noch immer empört. Aber Hoppel kaut inzwischen Brombeerblätter und kann nicht mehr antworten.

Das Kücken fiept kläglich. Borstel sagt mitleidig: »Ich weiß, du hast Hunger.« Er streicht dem Kücken die Federn glatt. »Du gehörst bestimmt zu den friedlichen Vögeln.«

»Zu den Friedvögeln!« ruft Hoppel und rupft zarte Grasspitzen. Aber Borstel weiß plötzlich nicht mehr so genau, wen er zu diesen Friedvögeln rechnen soll. Da ist die Meise, die verschlingt gerade eine Raupe – und am Weißdorn spießt der Neuntöter einen Käfer auf. Borstel kommt ins Grübeln. Er selbst mag ja Käfer und eigentlich auch die flinken Mäuse, und aus den Raupen werden die zauberhaften Schmetterlinge. Aber zu viele Raupen fressen die Bäume kahl, Käfer zerbohren die Stämme, und Mäuse zernagen die Wurzeln. Also muß es wohl die friedlichen Körnerfresser und auch die Mäusejäger im Wald geben.

Das Kücken reißt Borstel aus seinen Gedanken. Es tippt mit dem Schnabel an seine Nase.

»Ich weiß ja, was du willst, ich weiß!« sagt Borstel. »Aber hier in erreichbarer Nähe haben wir alles versucht. Ich glaube, wir müssen in die oberste Etage des Waldes steigen – aber wie?«

Wie Borstel in die oberste Etage des Waldes steigen wollte

»Wie komme ich nur in die Kronen der Bäume hinauf?« Borstel sieht in die schwankenden Wipfel.

Am Stamm der alten Buche huscht jemand empor. Ist das eine Maus? Und warum kann sie am Stamm bis zu den höchsten Ästen laufen, wie an einer Wand? Vielleicht kann ich das auch und weiß es nur nicht, denkt Borstel. Er nimmt einen gewaltigen Anlauf und rennt stammaufwärts, zwei bis drei Schritte – bums!, da liegt er auf dem Rücken im Farnkraut. Au!

Borstel strampelt umständlich, um wieder auf die Beine zu kommen. Das Kücken kichert verstohlen. Borstel schimpft: »Deinetwegen habe ich alle diese Schwierigkeiten, und du lachst mich aus!«

»Tuit, tuit, tuit!« Lacht da etwa noch jemand? Borstel hinkt empört um die Buche herum. Frech läuft ein Vogel, den Kopf nach unten, den Stamm entlang, Borstel entgegen. Das ist doch ein Kleiber, keine Maus!

»Tuit, tuit!« ruft der Kleiber und zieht dann mit dem Schnabel einen Wurm aus einem Rindenspalt. Der Wurm zappelt. Schluck, weg ist er.

»Hättest ihn meinem Kücken geben sollen!« mault Borstel. Der Kleiber hört nicht, was Borstel sagt, er hat es eilig. Er nimmt ein Lehmklümpchen in den Schnabel und fliegt zur Eiche. Borstel läuft neugierig ein paar Schritte hinterher. Der Kleiber krallt sich vor einer Nisthöhle fest und klebt das Lehmklümpchen an den Eingang – wie ein Maurer. Die Öffnung hat er schon beinahe zugemauert. Nur ein enges Einflugloch ist noch geblieben.

»Kannst du mir nicht den Trick verraten, wie man an einem Baumstamm hinaufläuft?« fragt Borstel laut. Aber der Kleiber fliegt zum Nest und wieder fort und mauert ohne Pause, der hat keine Zeit für andere.

Borstel trägt das Kücken über Wurzeln und Moos, dann verschnauft er ein Weilchen auf einem Baumstumpf. Ringsum wachsen die Bäume zum Himmel auf und rauschen mit ihren Kronen. Dort oben sind viele Nester, und viele Vögel fliegen von Ast zu Ast. Vielleicht verbirgt das Laub auch ein Nest, in dem ein Kücken fehlt. Aber Borstel ist klein, und die Wipfel sind hoch – viel zu hoch für einen Igel.

»Ach, hätte ich nur Flügel!« seufzt Borstel.

»Wozu?« Hoppel steht hinter Borstel, unvermutet wie immer. Aber Borstel wundert sich nicht, dazu kennt er Hoppel schon zu

lange. »Wie komme ich nur zu den Kronenästen der Bäume hinauf, wo so viele Vögel wohnen?«

Hoppel deutet mit der Pfote nach links. »Hundert Schritte geradeaus, da ist eine bequeme Treppe!«

Borstel schleppt das Kücken nach links – eins, zwei, drei Schritte. Borstel schnauft und zählt und verzählt sich – und dann sieht er sich um. Wo ist denn nun diese Treppe? Hat Hoppel etwa die Fichte gemeint, die der letzte Sturm umgeworfen hat und die mit ihren Zweigen in einer anderen Fichte hängengeblieben ist? Schräg wie eine Rampe liegt ihr Stamm.

Borstel klettert hinauf, zieht das Kücken hinterher und trippelt stammaufwärts. Ui, das ist wie auf einer Brücke ohne Geländer.

Unter Borstels unsicheren Schritten löst sich ein Stück Borke vom Stamm und fällt ins Moos. Er erschrickt, kippelt und fällt hinterher. Dicht neben ihm landet das Kücken im Heidekraut.

Borstel starrt wie gebannt auf das Borkenstück. Maden zappeln, Käfer krabbeln, und das Holz ist von Gängen und Höhlen zerfurcht und zu feinem Mehl zerraspelt. Borstel fällt etwas ein, so schrecklich, daß er das Kücken vergißt.

Diese Käfer und Maden haben die Fichte getötet, deshalb konnte der Sturm sie fällen. Wenn nun alle diese tausend Käfer und Wür-

mer und Maden auf der Stammrampe zum nächsten Baum kriechen und wieder fressen, bohren und raspeln, dann drückt der nächste Sturm diesen Baum auch um. Das Ungeziefer aber kriecht weiter – und wieder stirbt ein Baum, dann noch einer und noch einer, bis der ganze Wald umgestürzt ist. Borstel schließt vor Schreck die Augen. Wo soll ich dann wohnen und spielen, denkt er.

Borstel ist vor Aufregung ganz zappelig. Er reißt noch ein Stück von der losen Borke herunter. Wieder so ein Gekrabbel! Eine besonders dicke weiße Made hat sich einen breiten Tunnel gebohrt. Das Holzmehl fällt in Klumpen auf das Moos. Borstel trippelt in seiner Verzweiflung von einem Bein auf das andere. Gibt es denn keine Rettung für den Wald?

Da flattert eine Blaumeise heran. Sie pickt eine Made und fliegt davon. Schon sitzt ein Rotkehlchen auf dem Stamm, holt sich mit spitzem Schnabel einen Käfer und huscht davon. Das ist ein Betrieb wie in einem Vogelgasthaus! Die Kohlmeise kommt, dann die Tannenmeise, sogar der geschäftige Kleiber. Mauern macht hungrig! Jeder pickt und schluckt und verschwindet wieder. »So also ist das mit dem Ungeziefer im Wald!« Borstel fällt ein Stein vom Herzen.

Zwei ganz eifrige Vögelchen fliegen ohne Pause und nehmen immer noch einen Schnabel voll Maden und Käfer mit.

So fleißige Vogeleltern, denkt Borstel. Denn was sie im Schnabel wegtragen, ist bestimmt Futter für ihre Nestjungen.

Bei diesem Gedanken fällt Borstel wieder sein Kücken ein. Ob vielleicht die Eltern seines Kückens auch hierher zum Fressen kommen? Borstel wünscht es sich sehr. Aber wie soll er sie erkennen? Wenn Hoppel hier wäre, könnte er ihn um Rat fragen. »Hoppel!« ruft Borstel. Hoppel kommt schon angeflitzt, so ungestüm, daß die fleißigen kleinen Vögel davonflattern. Aber diesmal bleibt Hoppel wenigstens still sitzen, bis Borstel ihm alles erzählt hat. Das dauert so lange, daß die beiden kleinen Vögel inzwischen schon wieder auf dem Stamm herumturnen und Maden jagen.

»Goldhähnchen sind es, die allerkleinsten Vögel im Wald!« flüstert Hoppel. »Der Vater hat einen rotgoldenen Scheitel, die Mutter ein gelbes Krönchen!«

Borstel wagt kaum zu atmen, er will die Vogelzwerge nicht wieder verscheuchen. »So emsig wie die Goldhähnchen ist wohl niemand im Wald«, flüstert Borstel Hoppel in sein langes Ohr. Hoppel nickt.

»Mein Kücken ist wohl nicht ihr Kind?«

Da lacht Hoppel so laut, daß die Goldhähnchen erschreckt aufflattern. »Nein, bestimmt nicht, dein Kücken ist ja mindestens schon doppelt so groß und viermal so schwer!«

»Ich werde hier warten, ob sie kommen«, nimmt Borstel sich vor, »sie werden ihr Kind schon erkennen.«

Hoppel trollt sich kichernd davon, dreht sich aber noch einmal um. »Ich würde nicht hier bleiben, sondern am Waldbach suchen, im Schilf bei den Mummeln!«

Wie hat denn Hoppel das gemeint? Bis zum Bach geht Borstel sonst nie. Er grübelt noch ein Weilchen, aber weil ihm nichts Besseres einfällt, trippelt er den Weg zum Waldbach hinunter, und das Kücken watschelt müde hinterher.

Wie Borstel sein Kücken verlor

Borstel ist hungrig. Seine Füße scheinen viel schwerer als sonst, er kann sie kaum noch heben. Der Waldweg ist staubig, und überall liegen Steine. Borstel schaut sich nach dem Kücken um. Das Kücken watschelt mühsam durch den Sand. Borstel überlegt: Wenn meine Beine nicht mehr laufen wollen, dann geht es auch anders. Er rollt sich zu einer Kugel zusammen und kullert den Hügel hinab, geradewegs hinein in die Schonung. Im hohen Farnkraut endet die Rollerei. Borstel streckt die Nase in den Wind. »Wo bin ich gelandet?« Irgendwo dahinten schreit ängstlich das Kücken. Es watschelt ungeschickt im Sand herum und weiß nicht mehr, wohin. Immer kläglicher jammert der kleine Kerl. Wenn jetzt der Fuchs kommt…

Borstel trippelt zum Waldweg zurück, dann läuft er bis zum Himbeerstrauch und rennt schneller und schneller, bis er atemlos vor dem Kücken steht.

Borstel nimmt den zerzausten Flaumfederkerl in die Arme. Der kuschelt sich matt an seine Brust.

»Wir gehen noch zum Bach, und wenn wir dort deine Mama nicht finden, nehme ich dich doch mit nach Hause. Meine Igelmutter weiß sicherlich, wie man mit Vogelkindern umgehen muß!«

Als Borstel das ausgesprochen hat, wird ihm gleich leichter ums Herz. Sogar die Beine laufen wieder fast wie von selbst. Er pfeift und geht auf den Bachsteg zu. Das Kücken reckt unruhig seinen Kopf und zappelt.

Borstel steht mitten auf dem wackeligen Steg. Das Kücken schlägt mit seinen Flügelchen. Es wird ja so munter, was hat es nur?

»Du wirst bei deiner Zappelei noch in den Bach plumpsen!«

Borstel stolpert.

Im Schilf schnattert es. Eine Entenmutter schwimmt mit ihren sechs Kindern auf die Brücke zu, und ehe Borstel das Kücken richtig festhalten kann, ist es in den Bach gefallen.

Vor Schreck bleibt Borstels Herz beinahe stehen. Er legt sich auf seinen Bauch und angelt nach dem Kücken. Er lockt es verzweifelt.

Aber das Kücken schwimmt emsig paddelnd zu der Entenfamilie und ist nicht mehr von den anderen Entenkindern zu unterscheiden. Nur für einen Augenblick sieht die Entenmutter das Kleine prüfend an, dann taucht sie den Kopf in das Wasser und gründelt – und alle Entlein machen es nach. Kopf in das Wasser, Bürzel in die Höhe!

Borstel bleibt der Mund vor Staunen offen stehen. »Jetzt weiß ich, warum du mir so bekannt vorgekommen bist. Und natürlich, wie dumm von mir! Onkel Uhu hat neulich gesagt, Enten halten den für

ihre Mama, den sie zuerst sehen.« Das Entlein schnappelt Entengrütze.

»Aber wie bist du im Ei mitten in den Wald gekommen?« flüstert Borstel verwirrt. Doch dann fällt es ihm ein: die Krähe, der Eichelhäher …!

»Du, verabschiede dich wenigstens von mir!« ruft er dem Kücken hinterher. Aber die Entenmutter führt ihre Kinder in das Schilf zurück, und Borstel weiß nicht mehr so recht, ob sein Kücken das vorletzte oder das zweite von vorn ist. Borstel atmet auf, so erleichtert ist er – und dann seufzt er gleich danach, so traurig ist er, weil nun kein Kücken mehr hinter ihm herwatschelt.

»Froh und traurig zugleich – in solchen Fällen geht man am besten nach Hause!« sagt Borstel und marschiert entschlossen los.

ISBN 3-7302-0366-5

1. Auflage · Druckgenehmigungsnummer: 715/6/88
LSV 7853 · Printed in the German Democratic Republic
Gesamtherstellung: Grafischer Großbetrieb Sachsendruck Plauen
Bestellnummer: 683 663 9
Lektor: Irene Kahlau
Typografische Gestaltung: Sylvia Brendel
Für Kinder von 5 Jahren an
00650